L'ARITHMÉTIQUE
DÉCIMALE,

Enseignée dans les Écoles primaires,

OU LA CONNAISSANCE
DES NOUVELLES MESURES,

Mise à la portée des enfans de 8 à 10 ans, & des citoyens les moins instruits, des villes & des campagnes.

Ouvrage adopté pour l'Instruction publique, par l'Agence temporaire des Poids & Mesures, & précédemment connu sous le titre d'*Elémens d'Arithmétique décimale*.

Par ......, de la section du MUSEUM.

PARIS,

Chez AUBRY, libraire, rue Baillet, n°. 2, entre celles de la Monnoie & de l'Arbre-sec.

L'an III de la République française.

30624

AVERTISSEMENT.

Nous savons que la forme du dialogue donné à cet Ouvrage, ne plaît pas universellement ; mais qu'y faire ? Faudra-t-il abandonner le fonds pour la forme ? Sans prétendre approcher du talent de ceux qui l'ont employée jusqu'à ce jour, nous dirons que c'est au moins celle qui convient le mieux aux hommes simples des campagnes, par les difficultés qu'ils éprouvent généralement à comprendre les ouvrages purement didactiques. Au surplus, comme nous avons moins consulté nos forces que notre zèle, nous nous flattons qu'on nous accordera quelqu'indulgence en faveur du motif.

AVANT-PROPOS,

Conservé des premières Éditions.

L'ARITMÉTIQUE est de toutes les sciences celle que le peuple de la campagne a peut-être le mieux sçu, ou du moins pour laquelle il a montré le plus de pénétration. Il est vrai que ses opérations n'ont pas toujours été de la plus grande justesse ; mais à quoi la précision rigoureuse lui eût-elle été utile, quand la valeur des objets nécessaires à ses besoins est très-bornée, & quand il est démontré que toute science qui reste sans application aux usages ordinaires de la vie, finit toujours par être oubliée de ceux qui l'ont appris ? Le parti le plus sage était donc de ne faire apprendre que le plus essentiel, sauf à mettre dans la main de ceux qui montreraient des difpofitions ultérieures, les livres propres à les perfectionner; auffi eft-ce ce que l'on a fait dans cet ouvrage, en ne s'appliquant qu'à y faire connaître abfolument tous les avantages du fyftême des nouveaux poids & mefures, & en laiffant aux Inftituteurs, le foin de montrer à leurs élèves, ce qu'on appelle les quatre règles. Il n'eût rien fervi en effet de donner les premiers élémens de la numération à ces mêmes élèves, quand il n'eft pas de maître, tel peu inftruit qu'il foit, qui ne les fache, & quand il exifte des ouvrages qui les contiennent. D'ailleurs, que dire de plus que ce que j'ai dit fur l'*addition*, qui, dans le calcul décimal confifte toujours à pofer le dernier chiffre, & à retenir tous les autres? Sur la *fouftraction*, qui

AVANT-PROPOS.

se fait toujours en retirant le moindre nombre du plus grand, & en empruntant 10 sur le chiffre qui précède, quand le supérieur est moins fort que l'inférieur. Sur la *multiplication* & la *division*, qui ne consistent jamais qu'à *multiplier* & *diviser* de la manière la plus simple. Et enfin sur les *fractions*, qui, à l'aide des tables de transformation des anciennes mesures en nouvelles, vont devenir absolument inutiles (1).

(1.) On peut dire que les *fractions* étaient l'écueil de tous ceux qui voulaient se livrer au calcul. Comment pouvait-on en effet faire entrer dans des têtes simples des opérations telles que celles-ci, *prendre les $\frac{2}{5}$ de $\frac{4}{7}$, les $\frac{8}{9}$ de $\frac{13}{15}$*, & autres fractions encore plus compliquées! Il fallait y renoncer absolument, au lieu que dans le calcul décimal on n'a jamais besoin de ces fractions : on n'aura pas même besoin de les savoir à l'avenir, au moyen des tables dont on parle, & qui réduiront toutes les anciennes mesures en mesures décimales. (Voyez au surplus pages ci-après.

On s'est particulièrement étendu sur la manière de placer & déplacer la virgule; c'est-à-dire sur les moyens de rendre un nombre quelconque dix fois, cent fois, mille fois, dix mille fois, &c. plus grand; ou dix fois, cent fois, mille fois, dix mille fois, &c. plus petit. Mais on a tâché de se rendre si clair à cet égard, qu'il ne se trouvera sûrement pas d'écolier qui ne comprenne cette précieuse propriété du calcul décimal, & qui ne s'empresse de le substituer aux éternelles multiplications & divisions que l'on était obligé de faire pour transformer des quantités quelconques en d'autres quantités plus petites ou plus grandes (1).

---

(1) Il ne faut pour s'en convaincre que réduire en *lignes* une quantité quelconque de toises,

AVANT-PROPOS.

On verra dans cet ouvrage, que l'on a renvoyé plus d'une fois à des tables perticulières (qui se trouvent chez le même Libraire que ces élémens) on le devait par deux raisons.

La première, parce que la nécessité de transformer les anciennes mesures en nouvelles, étant pour devenir d'un besoin presque continuel, on a pensé qu'un format particulier le rendait plus propre à cette opération, que tout autre format plus étendu.

La deuxième, c'est que quand on étudie une science quelconque, il est toujours infiniment plus utile que les tables nécessaires à l'application

---

pieds & pouces ; ou bien en *grains*, une quantité aussi quelconque de livres, marcs, onces & gros.

de cette science, soient dans un volume séparé, que de les réunir dans le même ouvrage. Ces tables sont intitulées : « le SYSTÊME UNIVERSEL & complet des Mesures républicaines de France, étendu aux sciences, aux arts & au commerce de tous les peuples policés de la terre ; ou, TABLES MATRICES, à l'aide desqu'elles, par le moyen de la seule transformation des mesures locales de tous les pays, en *pouces courans*, en *pouces quarrés*, en *pouces-cubes*, & en *gros*, & d'une opération CONSTAMMENT UNIFORME, on parvient à les réduire facilement en *mesures métriques*, à en comparer le prix entr'elles & à dresser les tables de rapport & échelles graphiques nécessaires à chaque localité. »

Le prix en est de 5 *l. format in-*12, 4 *l. format in-*18, & 3 *l. format in-*24.

L'ARITHMÉTIQUE
DÉCIMALE,
Enseignée dans les Écoles primaires.

Les interlocuteurs de cet ouvrage sont les mêmes que ceux des *Premières Notions de morale*, publiées par le même auteur, & qui devaient être suivies de plusieurs productions du même genre, à l'effet de former une espèce de cours complet d'instruction simple, à la portée des gens de campagne; mais le Comité d'Instruction publique ayant été chargé de la rédaction de ces sortes de livres, il n'a pas osé se mettre en concurrence avec lui.

PREMIER ENTRETIEN.

Comme la Grammaire exige impérieusement que l'on dise TU, quand on parle à une personne, & VOUS, quand on parle à plusieurs; on a cru devoir adopter ce mode, qui d'ailleurs est celui des principes.

L'INSTITUTEUR. Allons, mes amis, puisque je vous ai promis de vous apprendre l'arithmétique décimale, il est juste que je tienne ma parole ; mais n'exigez pas, que je fasse de vous des Archimèdes (1), car je serais un peu embarassé.

Froment. Tu n'as pas besoin d'être inquiet à cet égard, nous ne nous croyons pas assez de génie pour *devenir* d'aussi grands hommes ; pourvu que tu nous apprennes à connaître les nouvelles mesures, nous serons satisfaits.

L'Instituteur. Ce n'est pas le plus difficile quant aux opérations arithmétiques en elles-mêmes, car il n'est pas plus difficile d'additionner plusieurs *kilogrammes* de viande, que plusieurs livres de cette même marchandise, ou plusieurs *litres* de vin, que plusieurs pintes ; mais la difficulté est de vous apprendre à substituer l'un à l'autre, de manière que vous ne soyez pas plus embarrassés, quand vous voudrez acheter un *kilogramme* ou un *demi-kilogramme* de tel objet que ce soit, que si c'était un nombre correspondant de *livres* & d'*onces*.

---

(1) *Archimide* était un célèbre mathématicien de l'antiquité.

Premier entretien. 11

Grandin. Oui, mais avec tout cela je serai bien longtems à me mettre dans la tête des *mètres*, des *litres*, des *grammes*, des *ares* & des *ſteres*; & j'aurai encore bien plus de peine quand il faudra y joindre des *décamètres*, des *décalitres*, des *décagrammes*, ou bien des *hectomètres*, des *hectolitres*, &c. &c. j'avoue que je ne pourrai jamais m'habituer à toutes ces dénominations.

L'Inſtituteur. C'eſt parce que tu ne voudras pas te donner la peine d'y réfléchir.

Grandin. Mais avoue qu'il était bien plus naturel de dire des *toiſes* ou des *aunes*, que des *mètres*; des *arpens*, que des *hectares*; des *muids*, que des *hectolitres*; des *pintes*, que des *litres*; des *livres*, que des *kilogrammes*, & autres mots qu'on a été inventer, je ne ſais pour qu'elle raiſon?

L'Inſtituteur Si tu trouves ces anciennes meſures ſi faciles à retenir, c'eſt parce que tu y es habitué, & que l'habitude eſt une ſeconde nature; mais une fois que tu ſeras familiariſé avec les nouvelles, il ne t'en coûtera pas plus pour dire: notre jardin a 58 *mètres* & demi de long sur six *mètres* de large, que de dire, il a trente *toises* de long sur trois *toises* de large; de même que quand ton tailleur te dira que pour faire un habit, il lui faut deux *aunes* & demie d'étoffes, il ne lui en coûtera pas plus pour demander trois *mètres* plus ou moins de cette même étoffe.

Grandin. Cela peut-être pour les quantités complettes; mais tu avoueras au moins que dans les fractions rien n'est si facile à comprendre qu'un *tiers*, un *quart*, un *huitième*, un *seizième*, un 32e., une *livre & demie*, une *livre trois quarts*, ou bien une *livre* tant d'*onces*, tant de *gros* & tant de *grains*, &c.

L'Instituteur. C'est encore l'effet de l'habitude, & rien autre chose; si tu voulais réfléchir, comme je viens de te le dire, à l'avantage précieux du calcul décimal, tu verrais qu'il est bien plus approprié à nos besoins & à nos usages, que tous les calculs, quels qu'ils soient; car quand on dit un *mètre un dixième*, un *mètre deux dixièmes*, un *mètre trois dixiemes*, n'est-il pas vrai que les fractions sont bien plus égales entr'elles que quand on dit une *aune un quart*, une *aune un tiers*, une *aune & demie*, une *aune deux tiers*? Car, dans le premier cas, les différences sont toujours égales entr'elles; au lieu qu'entre le *quart*, le *tiers*, la *moitié*, les *deux tiers* & les *trois quarts*, les différences varient entr'elles, au point, qu'entre le *tiers* & la *moitié* il y a deux *douzièmes* de différence, tandis qu'entre le *quart* & le *tiers*, les *deux tiers* & les *trois quarts*, il n'y a qu'un douzième.

Grandin. Oui; mais tu ne pourrais jamais avec tes *dixièmes* me désigner le tiers, ni le quart de quoi que ce soit, à cause que ce genre de calcul s'y refuse nettement.

L'Instituteur. D'aborb je ne vois pas ce qui m'en empêcherait, du moins dans le discours, puisque le décret ne porte pas que l'on sera puni pour dire un *tiers de mètre*, un *tiers de kilogramme*, un *tiers* de telle autre mesure que ce soit. Mais est-ce que pour les usages journaliers de la vie vie, *trente trois centièmes* n'approchent pas assez du *tiers*, pour pouvoir lui être substitués sans inconvénient? Sois sûr en effet que si on te fais une redingote qui exige *deux mètres un tiers* d'étoffe, on ne sera pas plus embarrassé pour te la faire, en ne demandant que *deux mètres trente trois centièmes*, qui font quelque chose de moins que le *tiers*, que si tu avais été mettre ton esprit à la torture pour découvrir la véritable expression du *tiers* en fractions décimales; d'ailleurs tu n'as qu'à suivre la marche naturelle du calcul décimal, tu verras que chaque *dixième* se divisant en dix parties ou *centièmes*, chaque *centième* en dix parties ou *millièmes*, & chaque *millième* en dix parties ou *dix millièmes*, tu approches si près de l'exactitude, même en ne te servant que des dixièmes de dixième, ou *centièmes*, qu'il serait ridicule d'en faire une objection sérieuse, puisqu'un *tiers* de *mètre* représenté par des *centièmes*, ne différerait que d'un *tiers de centième* (c'est-à-dire à peu-près l'épaisseur du petit doigt); ce qui ne mérite aucune considération.

Quant au quart du *metre*, l'exactitude s'y trouve scrupuleusement, en ce que 25 *centiemes* font exactement le quart de *cent centiemes*, qui font la totalité du *metre*.

Pour la *moitié*, on peut à la vérité l'exprimer par 5 *dixiemes*; mais comme il est plus sage de n'employer qu'une seule méthode, pour les parties de l'unité, on ne voit pas ce qui empêcherait de dire 50 *centiemes* au lieu de 5 *dixiemes*.

En effet, qu'on se rappelle nos usages dans la vente des dentelles, des rubans & des étoffes de prix; on verra que quand on avait besoin de quelque chose de plus que le *tiers* ou la *moitié* ou les *deux tiers* de l'aune, on allait pour le tiers à la *moitié*, pour la *moitié* aux *cinq huitiemes* & pour les *deux tiers* aux *trois quarts*, ce qui faisait toujours une dépense superflue de près d'un *huitieme*, dans une circonstance où il était possible qu'on eût besoin de l'économiser; au lieu qu'ici on peut aller de *centieme* en *centieme*, sans rendre l'opération plus difficile pour le calcul, puisque la propriété des *décimales* est telle que quand le *metre* ou le *litre*, ou le *gramme*, &c. valent un certain nombre de franc, le *centimètre*, ou le *centilitre*, ou le *centigramme*, valent autant de *centimes*.

Grandin. Je commence à voir qu'il y a plus de prévention que de raisonnement dans ce que je viens de dire, & qu'en effet le calcul décimal est beaucoup plus méthodique que le calcul employé jusqu'à ce jour; mais combien de gens ne voudront point renoncer à leurs vieilles habitudes?

L'Instituteur. Cela peut-être; mais il ne faut jamais s'embarasser des routiniers quels qu'ils soient; l'essentiel est qu'une chose soit bonne en elle-même, parce qu'insensiblement le public s'y habitue, & qu'alors ceux qui étaient les plus récalcitrans, finissent par ne plus concevoir comment ils pouvaient être d'avis différent.

C'est ce dont tu conviendras mieux quand je t'aurai expliqué toutes les propriétés du *calcul décimal* qui feront la matière de notre premier entretien. DEUXIÈME

DEUXIEME ENTRETIEN.

Du Calcul décimal.

L'INSTITUTEUR. Le *calcul appellé décimal*, n'est autre chose que les fractions de l'unité disposées par *dixiemes*, par *centiemes*, par *milliemes*, au lieu de l'être par *quarts*, par *tiers*, par *moitié*, par *seizièmes*, comme ci-devant. Vous ne m'entendez peut-être pas, mes bons amis; en ce cas-là je vais tâcher de me rendre plus clair.

Suppofons donc que vous foyez dix qui ayez à partager une brique de favon en parties égales, appelleriez-vous chaque partie une brique?

Tous enfemble. Non certainement.

L'Inſtituteur. Eh bien! vous avez défini vous-même la fraction; car puisqu'une fraction n'est pas l'objet dans son entier, il faut bien qu'elle n'en foit qu'un partie: or vous

B

êtes dix à partager la brique de savon; donc chacun de vous en aura une dixieme partie.

Romarin. Je t'entends; mais si nous n'étions que neuf?

L'Instituteur. Si vous n'étiez que neuf, vous n'en apprendriez que mieux ce que c'est que des *centiemes*, car vous ne pouvez pas me contester alors, qu'en vous distribuant à vous neuf, une part de la brique coupée en dix, il n'en restât une part sur la table.

Tous ensemble. Oh! c'est bien vrai.

L'Instituteur. Eh bien! nous n'avons qu'à couper encore cette part en dix parties, nous aurons nécessairement des dixiemes de dixiemes, qui feront des *centiemes*.

Azerole. Oh! que la part de chacun doit-être petite!

L'Instituteur. Eh! si donc on était dix mille à partager cette brique.

Muguet. Pour le coup je crois que l'on serait bien embarrassé pour faire les parts.

L'Instituteur Tu as bien raison; mais il n'en est pas moins vrai qu'il faut que tu saches ce que c'est que des fractions de ce

Deuxieme entretien. 19

genre, ne fut-ce que pour favoir les négliger à propos, car une fois que tu fauras que la millième partie d'une livre de favon, n'eſt guères plus groſſe qu'une épingle, tu conviendras bien volontiers, qu'on peut en négliger une certaine quantité. Au ſurplus, tu n'as peut-être pas encore remarqué une choſe dans le calcul, c'eſt qu'un chiffre, tel petit qu'il ſoit, ſuivi de telle quantité d'autres chiffres que l'on voudra, vaut toujours à lui ſeul plus que tous les chiffres qui le ſuivent; ainſi 1 ſuivi de douze 9, comme ici 1,999999999999, vaut à lui ſeul plus que tous les douze 9 enſemble, même quand il y en aurait en plus grand nombre, comme 100, 200 & même mille.

Muguet. Comment, il eſt poſſible que cela ſoit?

L'Inſtituteur. C'eſt comme je te le dis: auſſi tu dois bien croire qu'il ne faut prendre dans les décimales qu'autant de chiffres qu'on en a beſoin pour déſigner les portions ſenſibles. Ainſi, ſi le 1 repréſente *une pièce de vin*; en prenant deux décimales on

B 2

en aura assez pour désigner les parties sensibles de la *piece de vin* qui sont à y joindre, & on pourra négliger toutes les autres. En effet, que signifient ces deux décimales ? Elles signifient 9 *dixiemes* & 9 *centiemes*, de piece de vin; c'est-à-dire, qu'il ne s'en faut que d'un *centieme* qu'il y ait deux pieces de vin. Or, certainement quand il ne s'en faut que d'une *bouteille* que l'on n'ait une seconde pièce de vin, on peut bien négliger les portions inférieures à cette bouteille. Il y a cependant cette différence, que si c'était un panier de *cent* bouteilles que l'on achetât, il faudrait que les *cent* bouteilles s'y trouvassent; mais il n'est personne qui n'en sente la raison.

Si le 1 n'eût représenté qu'une *livre de sucre*, il aurait suffit de prendre une décimale, attendu que la seconde, qui représente des *centiemes*, est trop peu de chose pour être conservée. En effet, qu'est-ce que c'est que la *centieme* partie d'une livre de sucre, ou de tout autre objet du même genre, surtout dans le temps qu'il ne valait que 20 ou 24 s.

Deuxieme entretien.

la livre. Au surplus il n'y a aucun inconvénient à prendre deux décimales, surtout si on prend l'habitude de compter par *centimes*.

Comme vous voyez, mes amis, il y a autant de science à savoir négliger les fractions, qu'à savoir les employer, & c'est même, on peut le dire, tout le secret du calcul décimal; car pour ce qui s'appelle les règles en elles-mêmes, elles sont d'une telle facilité que je croirais faire honte au moins habile d'entre vous, que de lui en donner plus de trois leçons. Je sais bien que ce genre de calcul fait dire à bien des gens, « je ne comprendrai jamais ces cho-» ses-là », (comme le disait tout à l'heure Grandin); mais je sais aussi que quand ils verront que tout se borne à réfléchir sur la valeur de l'objet pour lui appliquer le nombre de décimales convenables, ils conviendront bientôt que tous ces *décimetres, centimetres, décilitres, centilitres, décigrammes, centigrammes*, &c. n'ont été imaginés que pour mesurer & péser les choses de haut prix, telles que l'or, l'argent, les pierreries, les liqueurs spiritueuses; & que pour tous les autres objets nécessaires aux besoins de la vie, on doit se servir des mesures qui suivent, savoir :

Pour les mesures linéaires;

Du *décametre*, qui contient à-peu-près 30 pieds, & qui remplacera la chaîne de nos arpenteurs.

Du *metre*, qui est quelques pouces moins que l'*aune*, & un peu plus que la *demi-toise*.

Du *quintimetre* ou *double décimetre*, qui est à-peu-près la longueur de la main d'un homme ordinaire.

Et du *décimetre*, qui en est à-peu-près la paume.

Pour les mesures de surface.

De l'*hectare*, qui contient cent *ares* & à-peu-près 2 arpens de cent perches, à 22 pieds.

Et de l'*are*, qui est à-peu-près de l'étendue d'une chambre de 30 pieds en tous sens.

Deuxieme entretien.

Pour les mesures de capacité,

De l'*hectolitre*, qui pour les liquides approche d'une *feuillette* de cent bouteilles, & pour les grains de deux *minots* de Paris.

Du *décalitre*, qui pour les liquides vaut un peu plus que la *velte* de 8 pintes, & pour les grains un peu plus que les trois quarts du *boisseau*.

Et du *litre*, qui pour les liquides contient un vingtième de plus que la *pinte* ordinaire, & pour les grains, un peu moins de deux litrons.

Et pour les mesures de pésanteur,

Du *myriagramme*, qui pese environ 20 livres & demie, poids de marc.

Du *kilogramme*, dont la moitié pese à-peu-près notre livre ordinaire.

De l'*hectograme*, qui pese à-peu-près un gros œuf de poule.

Et du *décagramme*, qui ne pese guères plus qu'un gros noyau de pêche.

J'ai été bien-aise, mes amis, de vous donner tous ces détails, pour que vous

B 4

vous fassiez une idée du rapprochement des mesures nouvelles avec les anciennes, & que vous n'alliez pas vous imaginer qu'elles sont un subversement de tout ordre, comme je sais que les malveillans se plaisent à le répandre. En effet, que vous importe que vos meres aillent demander un *kilogramme de viande*, au lieu de *deux livres*, & un *litre de vin*, au lieu d'une *bouteille de pinte*! Cela ne revient-il pas au même? Qu'importe également qu'on vous fasse un habit avec trois *metres* d'étoffes, ou avec deux *aunes & demie*, & que votre jardin contienne 20 *ares* ou 40 *perches*! Je ne vois dans tout cela que des changemens de noms & d'habitudes, & rien qui implique de l'impossibilité ni même de la difficulté. Vous pouvez d'ailleurs vous familiariser avec toutes ces nouvelles mesures, en consultant le tableau que vous voyez à la fin de ce livre, & qui se trouve aussi dans le Décadaire des Poids & Mesures.

TROISIEME ENTRETIEN.

G*randin*. Je conviens qu'il n'y a rien dans les nouvelles mesures qui offre de la difficulté ; mais quoi qu'il en soit, je crains réellement que le peuple ne se rebute des nouveaux noms que l'on à donné aux mesures, et qui, tout méthodiques qu'ils soient, ne sont pas moins rébarbatifs. J'ai déja parlé à bien des gens d'*hectolitres*, de *myriagrammes*, de *kilogrammes*, &c. &c. Ils ne s'y reconnaissent en aucune manière ; ils confondent l'*hectomètre* avec l'*hectolitre*, le *décalitre* avec le *décagramme*, le *décigramme* avec le *décimètre*, l'*hecto* avec le *kilo* ; ensorte que toutes leurs idées sont boulversées, et qu'il sont même disposés à prendre de l'humeur quand on leur parle d'abandonner leur vieille routine.

L'Instituteur. Je n'en suis pas du tout étonné. Crois-tu que si tu voulais apprendre aujourd'hui l'*Anglais*, tu ne ferais pas exposé à confondre pendant les premiers temps les noms avec les verbes, les adverbes avec les prépositions ? t'imagines-tu que tu parlerais couramment cette langue dès le lendemain ? Vois cependant la différence qu'il y a ici ! Pour apprendre une langue, il faut retenir à peu-près 6 mille mots, et il n'en faut ici que six, savoir : le *mètre*, le *litre*, le *gramme*, l'*are*, le *stere* et le *franc*.

Plusieurs ensemble. Quoi ! six mots, & il y en a plus de cinquante.

L'Instituteur. Oui ; mais qui se rapportent toujours aux six mots génériques dont je parle et qui en sont les *multiples* ou les *sous-multiples* (1). Retournez en effet tant que vous voudrez ces 50 mots, vous verrez qu'une fois que vous vous serez bien mis dans la tête, à l'égard des *multiples*, que le mot *déca* joint à l'un de ces *six mots génériques* signifie qu'il le vaut dix fois, le mot *hecto* qu'il le vaut cent fois, le mot *kilo*

---

(1) Les Instituteurs doivent expliquer ici a leurs élèves ceque c'est qu'un *multiple* & un *sous multiple*.

Troisieme entretien. 27

qu'il le vaut mille fois & le mot *myria* qu'il le vaut dix mille fois, & à l'égard des *sous-multiples*, que le mot *déci* signifie la 10e partie, le mot *centi* la 100e partie, et le mot *milli* la 1000e partie; vous verrez, dis-je, que soit qu'on vous parle d'un *hectolitre*, d'un *kilolitre* ou d'un *décilitre*; d'un *myriagramme* d'un *kilogramme* ou d'un *décigramme*; d'un *kilomètre*, d'un *décamètre* ou d'un *centimètre*, il ne s'agit plus que de savoir ce que c'est qu'un *litre*, qu'un *gramme* ou qu'un *mètre*, pour se faire une idée de chacune de ces mesures.

En effet, si vous savez qu'un *litre* est l'équivalant à-peu-près d'une bouteille de vin, il est clair qu'ayant retenu que le multiple *hecto* signifie cent fois la mesure, un *hectolitre* doit être nécessairement un vaisseau contenant *cent* bouteilles un *kilolitre* un vaisseau contenant mille bouteilles, & un *décilitre* un gobelet dix fois plus petit que la bouteille.

Si vous savez également qu'un *gramme* ne pèse que 23 grains de blé, vous devez vous même voir qu'un *décagramme* ne doit peſer guères plus qu'un gros noyau de pêche, un *hectogramme* guères plus qu'un gros œuf de poule, un *kilogramme* guères plus que deux livres, & un *myriagramme* guères plus de 20 livres.

Si enfin vous ſavez qu'un *mètre* eſt une longueur d'environ trois pieds ou une demie toiſe, vous devez reconnaître qu'un *décamètre* doit avoir environ 5 toiſes, un *hectomètre* environ 50 toiſes, un *kilomètre* environ 500 toiſes ou un petit quart de lieue, & un *myriamètre* environ 5000 toiſes ou 2 fortes lieues de poſte.

Il en eſt de même des *demi* & *double hecto*, des *demi* & *double kilo*, des *demi* & *double deci*, des *demi* & *double centi*, qui ſont d'une ſi grande facilité à concevoir que je ne ſerais aucunement étonné que le peuple ne finiſſe par faire diſparaître, à la longue, les noms génériques *mètre*, *litre*, *gramme*, &c. &c. joint à leur *multiples* & ſous multiples, pour ne conſerver que ces dernieres dénominations.

Troisieme entretien.

En effet : croît-on qu'une femme qui irait demander à la boucherie un *kilo*, un *double kilo* ou un *demi-kilo* de viande, recevrait à la place un *kilolitre* ou un *kilomètre* de cette denrée.

Croît-on également qu'un homme qui voudrait acheter du blé & qui se servirait seulement des mots *déca* & *hecto*, voudrait parler d'autre choses que d'un *décalitre* & d'un *hectolitre* ?

Croît-on enfin qu'un voiturier chargé de 5 milliers pésant, qui équivalent à 244 *myriagramme* & demi, se servirait de cette dernière expression ? non, il dirait, « ma voiture est chargé de 244 à 245 myria ». Il finirait même par retrancher le mot *myria*, & dirait, « je suis chargé de 244 à 245.

Ensorte que l'étude des nouvelles mesures, se borne A BIEN SAVOIR CE QU'ELLE VALENT INSTRINSEQUEMENT PRISES DANS LEURS DÉNOMINATIONS GÉNÉRIQUES, ET A BIEN LEUR APPLIQUER LEURS MULTIPLES ET SOUS MULTIPLES. Or, il n'y a rien de plus facile à faire, à moins qu'on ne veuille soutenir *qu'il est bien plus aisé de retenir le nom de 3 ou 4 mille mesures différentes qui existent en France & qui exigent à chaque pas une étude toute particuliere, que d'avoir cette même étude à faire une seule fois, & être dispensé pour toujours de la recommencer*

Grandin. Je conviens de toutes tes raisons, elles sont certainement sans répliques, mais ce sont ces noms barbares, qui m'offusquent toujours, & qui en offusquent bien d'autres.

L'Instituteur. J'aime bien ton observation! eh que dis-tu du *millerole* de Marseille, pour désigner un baril de 63 pintes, & de l'*escandeau* de la même commune, pour en désigner un de 16: du *mencaud* de l'Artois, qui peut valoir un minot de grains; du *ruthe* de Strasbourg, qui est une mesure d'environ 9 pieds; de la *canne* de Montpellier, qui est une aune d'environ 68 pouc. de la *poignerée* de Bergerac, qui peut valoir 22 perches de roi; de l'*emine* & du *mégéra* de Castres; de la *rasiere* de Dunkerque,

Troisieme entretien.

de la *carse* de Gien, & de toutes les autres mesures appellées *seyterées, lattes, carteyrade, escat, ouvrée, saumée, concade, oudein,* &c. &c., que l'on rencontre à chaque pas & qui servent tant à alimenter la cupidité.

Muguet. Mais, en quoi donc les gens de mauvaise foi peuvent ils tromper avec les anciennes mesures?

L'Instituteur. En ce que (comme je viens de le dire) il n'y a presque pas de commune qui n'ait des mesures différentes. Voyez. (ici, l'Instituteur doit citer celles qu'il connaît dans les environs de la commune que ses élèves habitent.) Eh bien! *Muguet,* si tu n'es pas instruit de toutes ces différences, & que l'on te vende, par exemple, 4 livres (1) un boisseau de haricots à la mesure de..... tandis qu'il vaut 4 liv 10 s. à la mesure de notre commune, comment sauras-tu qu'on ne t'a point survendu, si tu

---

(1) On a supposé ici les anciens prix, parce qu'il n'est pas présumable que les denrées restent toujours aux prix actuels.

ignores le rapport de ces deux mesures? En effet, tu crois peut-être avoir meilleur marché, parce que tu payes 10 sois de moins. Eh bien! je vais te montrer que tu payes 10 sols de plus, car le boisseau en question est un tiers plus petit que celui de notre commune. Or, le tiers de 4 liv. 10 s. étant de 1 liv. 10, ce n'est donc que 3 liv. que tu aurais dû payer, & non pas 4 l.

Romarin. On dit que le nouveau système est fondé sur la mesure du méridien de la terre; qu'est-ce que cela veut dire?

L'Instituteur. Comme tu ne m'entendrais pas, non plus que bien d'autres, & qu'il n'est aucunement nécessaire de vous l'expliquer, je ne vous en dirai rien; contentez-vous seulement de savoir que les nouvelles mesures sont prises dans la nature & qu'elles ne pourront jamais varier, même quand leur *étalon* viendrait à se perdre.

Azerole. Je ne sais pas non plus ce que c'est qu'un *étalon*.

L'Instituteur. Je n'ai pas de peine à le croire.....

Troisieme entretien.

croire....... Eh bien ! c'est un modèle de tous les différens poids & mesures, que l'on a placé de manière que chaque citoyen soit à même de vérifier si on ne lui vend pas à faux poids, ou à fausse mesure.

Romarin. Tu devrais bien nous parler aussi des *décimes* & des *centimes*, qui dit-on, vont remplacer les sols & les deniers.

L'Instituteur. J'oubliais en effet de le faire. Eh bien ! rien ne sera si commode que cette nouvelle monnoie. Le *décime* vaudra exactement la dixième partie du franc, & le *centime* la centième partie de cette même monnoie; & ce qui fera que cette monnoie l'emportera infiniment sur l'ancienne, c'est que comme elle est divisée de la même manière que les mesures & les poids, il suffira de savoir que quand le *mètre*, ou le *litre* ou le *gramme*, vaudront un certain nombre de *francs*, le *décimetre*, ou le *décilitre* ou le *décigramme*, vaudront autant de *décimes*, & le *centimetre, centilitre, centigramme*, &c. &c. autant de *centimes*. Je ne puis même tenir à vous en donner un exemple, tant je

C

désire que vous connaissiez la propriété admirable du nouveau calcul monétaire.

EXEMPLE.

Vous avez, je suppose, acheté 6 metres d'étoffes, à 8 liv 24 centimes, & il vous en a fallu 42 centiemes de plus pour faire ce que vous vouliez? Eh bien! il ne vous a fallu que multiplier 42 par 8, pour savoir ce que vous aviez à payer. Or, en faisant la règle; il a dû venir au produit 336 *centimes*, c'est-à-dire, 3 francs 36 centimes, ce qui comme vous voyez a été bien plus facile à obtenir, que s'il vous avait fallu chercher la différence entre les toises, les pieds, les pouces, les livres, les onces, les gros, c'est-à-dire, opérer sur des divisions qui n'ont aucun rapport entr'elles.

Mais il sera assez temps de vous parler de toutes ces choses, quand je vous ferai faire des règles particulières. Occupons-nous en attendant du *calcul décimal* en lui-même, c'est-à-dire, de la manière de faire toutes les règles possibles de l'arithmétique. Je vous expliquerai dans notre premier entretien l'*Addition*.

QUATRIEME ENTRETIEN.

De l'Addition.

L'INSTITUTEUR. Vous avez sûrement fait quelquefois des additions.

Presque tous. Oui, citoyen.

L'Instituteur. Eh bien ! vous avez sûrement remarqué que quand ce sont des deniers que vous additionnez, & que leur somme totale se monte (par supposition) à 38, vous êtes obligés de faire une division & de dire, en 38 *combien de fois* 12 ? — *Il y est 3 fois, plus 2 unités qui restent, ainsi je pose 2 & retiens 3.*

Presque tous. C'est vrai.

L'Instituteur. Vous avez sûrement aussi remarqué que quand ce sont des sous, qui se montent (supp.) à 97, vous êtes obligés de retenir la moitié des premiers chiffres, & de poser le reste, & qu'ainsi vous dites *je pose* 17 *& retiens* 4.

Presque tous. C'est encore vrai.

L'Instituteur. Il est sûrement encore à votre connaissance que quand ce sont des pieds de toise courante, & qu'il y en a (supp.) 44, vous êtes obligé de dire: *en 44 combien de fois 6, valeur de la toise, il y est 7 fois plus 2*; ainsi, *je pose 2 & retiens 7.*

Presque tous. Oui.

L'Instituteur. De même que si (supp.) vous avez 87 pieds quarrés & 310 pouces quarrés à réduire, les premiers en toises quarrées, & les seconds en pouces quarrés, vous dites, pour la première opération; *en 87 pieds quarrés combien de fois 36, valeur de la toise réduite en pieds? il y est 2 toises quarrées, plus 15 pieds quarrés*; ainsi, je pose 15 & retiens 2. Et pour la 2e., *en 310 pouces quarrés, combien de fois 144, valeur du pied quarré en pouces quarrés? il y est 2 fois, plus 22*; ainsi, je pose 22 & retiens 2.

Plusieurs. Tout cela est bien vrai.

Quatrième entretien. 37

L'Instituteur. Eh bien! puisque tout cela est vrai, & qu'indépendamment des calculs que je viens de vous préfenter, vous avez encore les *onces*, les *gros* & les *grains*, qui ont chacun le leur; combien ne devez-vous pas vous empreffer d'adopter le *calcul décimal*, qui vous délivre de ces éternelles variétés d'opérations, & vous préfente un mode toujours uniforme d'*additionner*, de *fouftraire*, de *multiplier* & de *divifer*?

Grandin. Oui, mais eft-ce que toutes ces différentes mefures ne font pas remplacées par les nouvelles qui font même en plus grand nombre.

L'Instituteur. Si tu fais, en effet, attention à la nomenclature des nouvelles mefures, il eft sûr que tu éprouveras la difficulté dont tu parles; mais fi ces noms doivent difparaître dans le calcul, comme je vais te le démontrer, tu n'as plus rien à m'objecter. Ecoutez-moi bien tous à cet égard.

Un *myriametre* eft, n'eft-il pas vrai, une mefure qui contient *dix mille metres*; un *kilometre*, une mefure qui en contient

C 3

mille; un *hectometre*, une mesure qui en contient *cent*; un *décametre*, une mesure qui en contient *dix*. Eh bien! supposons que l'on ait mesuré une distance qui contienne plusieurs de ces mesures ensemble, comme par exemple, 27832 *metres*, qui sont à la fois des *décametres*, des *hectometres*, des *kilometres* & des *myriametres*; croyez-vous que l'on dira que cette distance contient 2 *myriametres*, 7 *kilometres*, 8 *hectometres*, 3 *décametres*, 2 *metres*, (ce qu'à la rigueur on devrait dire).

Plusieurs ensemble. Nous ne le croyons pas.

L'Instituteur. En ce cas, vous avez levés vous même la difficulté; car alors on se bornera à dire que la distance est de 27832 metres, ce qui sera infiniment plus facile à exprimer & même à concevoir.

Rien n'empêchera cependant d'exprimer cette même quantité, en tel *multiple* que l'on voudra, comme en *myriametre*, en *kilometre*, en *hectometres*, &c.; mais il faudra se borner à celui que l'on aura adopté & ne

Quatrieme entretien. 39

faire qu'y ajouter le nombre de *metres* qui le suivent.

Ainsi si c'est en *myriametres* que l'on veut énoncer cette quantité de 27832 *metres*, on dira 2 myriametres 7832 metres.

Si c'est en *kilometres*, on dira 27 kilometres 832 metres.

Si c'est en *hectometres*, on dira 278 hectometres 32 metres.

Et si c'est en *decametres*, on dira 2783 décametres 2 metres.

Mais ce qui fera sentir d'avantage la nécessité de changer de *multiples*, autant de fois que l'on en aura besoin; ce sera de jetter les yeux sur les autres mesures & de voir ce qu'elles valent intrinsequement.

Que signifieraient 27832 *litres* de vin, ou 27832 *grammes* de fer, ou 27832 *ares* de terre, si ce n'est des quantités, dont le nombre de chiffres fatiguerait, comme si un marchand de vin voulait désigner le nombre de *muids* qu'il aurait dans sa cave, en *chopines* ou en *demi-sep-*

tiers, & un boucher la pésanteur de ses bœufs en *onces* ou en *gros*.

On doit donc avoir uniquement égard à l'objet que l'on additionne & suivre du reste l'usage établi.

Ainsi, dans le cas ou l'*hectolitre* serait la jauge des vins, au lieu de dire, j'ai dans ma cave 27832 *litres* de vin, on dirait, j'ai dans ma cave 278 *hectolitres* & bien près d'un tiers.

Dans le cas ou le *kilogramme* serait la mesure des fers, au lieu de dire, j'ai acheté 27832 grammes de fer, on dirait j'ai acheté 27 *kilogrammes* 83 centiemes de fer.

Et dans le cas ou l'on posséderait 27832 *ares* de terre; au lieu de dire je possède 27832 *ares*; on dirait, je possède 278 *hectares* 32 cent., ce qui réduirait de beaucoup se nombre d'unités qui effraye toujours.

Ces principes établis, supposons qu'il soit question d'additionner ensemble 27832 objets 83 centiemes, plus 529 objets 29 centiemes, plus 9541 objets 57 centiemes, plus enfin 35 objets 8 centièmes; on va voir qu'en ne faisant que mettre les *centiemes* sous les *centiemes*, les *dixiemes* sous les *dixiemes*, les *unités* sous les *unités*, &c. &c. & en additionnant chaque colonne, on obtient un total qui se prêtera à toutes les mesures possibles, sans jamais changer de chiffres en aucune circonstance.

Exemple de cette addition (1).

```
27832,   83
  529,   29
 9541,   57
   35,    8
—————————
38838,   77
```

Voulez-vous, en effet, que cette addition représente des *kilometres* linéaires? C'est-à-dire, des distances qui répondent à-peu-près à un quart de lieue de poste; on dira alors que cette distance est de 38 *kilometres*, 838 *metres* (en négligeant les 77 centimes).

―――――――――――――――――
(1) Je laisse aux Instituteurs le soin de montrer la manière de faire cette règle à ceux qui ne la savent pas.

Voulez-vous que ce soit des *hectolitres* de vin, qui répondent à-peu-près à la feuillette de cent bouteilles? On dira que l'on a 388 *hectolitres* 38 *litres* de vin.

Voulez-vous également que ce soit des *kilogrammes* de fer, qui répondent à deux de nos livres, à-peu-près? nous dirons que l'addition se monte à 38 *kilogrammes* 83 centièmes.

Enfin, voulez-vous que ce soit une étendue de terrein en superficie, & l'exprimer en *hectares*, qui répondent à deux de nos arpens de Paris? on dira que le total qui précède, contient 388 *hectares* 38 *ares*.

Ainsi, comme vous le voyez, l'addition est toujours la même, soit que vous additionniez des *metres*, des *litres*, des *grammes*, des *ares*, &c. &c., & il ne s'agit que d'adopter le nom propre à chaque objet; au lieu que s'il vous avait fallu additionner ensemble;

Des *toises*, des *pieds*, des *pouces*.

Des *muids*, des *septiers*, des *boisseaux*, des *litrons*.

Quatrieme entretien. 43
Des *milliers*, des *quintaux*, des *livres*, & des *onces*.

Vous auriez éprouvé le plus grand embarras, sur-tout pour les mesures de *pésanteur*, parce qu'en additionnant tous les grains ensemble, il aurait fallu vous ressouvenir qu'il y en fallait 72 pour un *gros*, & alors dire en tant de *grains*, produit de la colonne des *grains*, combien y a-t-il de fois 72, ce qui aurait été une division à faire dans un moment où il est possible que celui qui fait la règle ne sache pas encore la division; de même qu'après l'addition des *gros* il aurait fallu se ressouvenir combien il en fallait à l'*once*, & diviser le total par ce dernier nombre, c'est-à-dire, faire une opération très-compliquée, sur-tout pour des enfans qui ne doivent pas être encore bien familiarisés avec les calculs.

Muguet. Nous concevons cela si bien, que nous croyons qu'il est inutile que tu nous en dises davantage.

Romarin. Mais les autres Regles sont peut-être plus difficiles?

L'Instituteur. Pas plus difficiles, & je vous le prouverai dans notre cinquième entretien.

CINQUIEME ENTRETIEN.

De la Soustraction.

La Soustraction, est dans toute la force du terme, une *Soustraction*; c'est-à-dire, que quand le chiffre supérieur est plus grand, on soustrait, & que quand il est plus petit, on emprunte 10, & toujours 10 de tel poids & de telle mesure que la règle soit composée. En effet, puisque pour les mesures linéaires, un *metre* est toujours dix fois plus grand qu'un *décimetre*, un *décimetre* dix fois plus grand qu'un *centimetre*. Pour les mesures de capacité, un *hectolitre* dix fois plus grand qu'un *décalitre*, un *décalitre* dix fois plus grand qu'un *litre*. Pour les mesures de pesanteur ou poids, un *kilo-*

Cinquieme entretien. 45

gramme dix fois plus péfant qu'un *hecto-gramme*, un *hectogramme* dix fois plus péfant qu'un *décagramme*, &c. &c. que peut-on emprunter autre chofe que dix fur les *metres*, dix fur les *kilolitres*, dix fur les *kilogrammes*, qui peuvent compofer les fouftractions à faire & dont on a vu que les parties fe divifent & fubdivifent toujours de dix en dix parties ? Vous devez voir au moins que l'opération eft infiniment plus fimple que lorfque vous faifiez des fouftractions de *livres, fols & deniers*, ou bien de *toifes, pieds & pouces*, ou bien encore de *livres, onces, gros & grains*. Car dans le premier cas, lorfque vos deniers étoient inférieurs, il fallait emprunter 12 fur les fols, & quand c'étaient les fols qui l'étaient il fallait emprunter 20 fur les liv. — Dans le deuxieme cas, il fallait, fi c'étaient des pieds courans qui fuffent inférieurs, emprunter 6, & fi c'étaient des pieds quarrés, emprunter 36. — Dans le troifième cas, fi c'étaient des grains, il fallait emprunter 72 fur les gros ; fi c'étaient des gros, il fallait emprunter 8 fur les onces; & enfin fi c'étaient des onces, il fallait emprunter 16 fur les livres. Or, il n'eft pas un feul de vous qui ne fente qu'il eft infiniment plus facile d'emprunter toujours dix, que d'emprunter tantôt 12, tantôt 20, tantôt 6, tantôt 36, tantôt 72, tantôt 8, tantôt 16, & d'être en outre obligé de prêter la plus grande attention pour ne pas emprunter, par exemple, 16 quand on n'a befoin d'emprunter que 8, ou bien 6 quand il faut 36. La règle fuivante vous fervira au furplus de preuve.

EXEMPLE.

On propofe de fouftraire, 348 objets 79 centiemes, de 7844, 17 centiemes.

Voici comme cette règle fe pofe;

Qui de 7844, 17
Ote 348, 79
_____
Refte....7495, 38

Et comment s'eft fait cette règle? De la manière la plus fimple. On a commencé par

Cinquieme entretien. 47

dire fur la première colonne de droite à gauche

Qui de 7 ôte 9 ne fe peut, j'emprunte 10 fur la colonne précédente, ce qui fait 17 & je dis, qui de 17 ôte 9 refte 8 que je pofe.

Je paffe à la deuxième colonne, fur laquelle on fe rappelle fans doute que j'ai emprunté 10, & qui alors n'était plus qu'un zéro, j'emprunte alors 10 fur le 4 de la troifième colonne & je dis, qui de 10 ôte 7 refte 3 que je pofe.

Et de la paffant à chacune des autres colonnes, j'agis de la même manière & j'obtiens le *refte* que l'on voit, qui, comme dans l'*addition* fera tout ce qu'on voudra.

Ce fera, en effet, 7 *myriametres* 495 *metres linéaires* 38 *centiemes*, fi l'on défire que l'opération repréfente des diftances de 500 toifes ou de quart de lieue.

Ce fera 74 *hectares* 95 *ares* 38 *centiemes*, fi l'on veut que ce foit une étendue de terrein dont on en a retranché une partie.

Ce fera 74 *hectolitres* 95 *litres* 38 *cen-*

tiemes, si l'on veut que ce soit un certain nombre de vaisseaux de vin, de cidre ou de grains, qui soit resté d'un plus grand nombre.

Ce sera, enfin, 7495 *grammes* 32 *centiemes* d'or, ou 749 *décagrammes* 532 *milliemes* d'argent, ou bien 74 *hectogrammes* 95 *grammes* 38 *centiemes* de cuivre, ou bien encore 7 *kilogrammes* 495 *grammes* 38 *centiemes* de fer.

En sorte que tels objets que j'aurai eu à soustraire, je n'aurai jamais eu qu'une seule & même marche à suivre, & le nombre 10 aura toujours été le seul que j'aurai emprunté (1).

---

(1) Je n'en dis pas davantage sur la soustraction, n'étant pas d'Instituteur qui ne soit en état d'en donner des leçons d'après ce que je viens de dire.

SIXIEME

SIXIEME ENTRETIEN.

De la Multiplication.

ROMARIN. Au moins, la Multiplication préfentera un peu plus de difficulté.

L'Inftituteur. Pas plus, mes amis, fi vous voulez bien faire attention à cette règle en elle-même, & à la propriété du calcul décimal; car qu'eft-ce que la Multiplication? c'eft une addition d'un genre différent.

Muguet. Quoi! la multiplication eft une addition?

L'Inftituteur. Sans doute. Eft-ce que tu ne conçois pas que quand tu dis 4 fois 8 font 32, c'eft comme fi tu mettais quatre 8 l'un fous l'autre, & que tu difes 8 & 8 font 16, & 8 font 24, & 8 font 32?

Muguet. Si fait.

L'Inftituteur. Eh bien! comme dans la multiplication on eft cenfé faire toujours ces

D

sortes d'additions, j'ai donc raison de dire que la multiplication est une sorte d'addition; mais ne nous arrêtons point à ceci, que je vous expliquerai plus amplement dans un autre moment. Passons à la démonstration de l'avantage infini du *calcul décimal* dans les multiplications sur l'ancienne manière de s'y prendre.

Vous savez qu'autrefois quand on multipliait, soit des *aunes* & des fractions d'*aunes*, soit des *livres*, *onces*, *gros* et *grains*; soit des *septiers*, *minots*, *boisseaux* et *litrons*, soit enfin tout ce que l'on voudra, par des *livres*, *sols et deniers*, ou par tout autre genre de combinaison quel qu'il soit; il fallait faire souvent 5 à 6 multiplications dans la même regle, et presqu'autant de divisions. Eh bien! dans le calcul décimal on est absolument délivré de ces embarras; tels nombres de chiffres que la *multiplication* contienne, tels objets qu'ils représentent, tout se borne à une seule et même opération, et soit que les chiffres à *multiplier* les uns par les autres représentent des *mètres*, des *litres*, des *gram-*

Sixieme entretien.

mes, des *ares*, des *stères*, des *francs*, ainsi que leurs *multiples* et *sous-multipes*, la regle est toujours la même. La seule attention est de placer la virgule à l'endroit convenable et de considérer combien il y a de *décimales*, tant au *multiplicande* qu'au *multiplicateur*, pour déterminer le nombre des unités du produit.

EXEMPLE.

On propose de multiplier ensemble 2578 objets, 49 centiemes, par 37 objets, 53 centiemes; on demande quel sera le produit.

Reponse. En plaçant les *unités* sous les *unités* et les *décimales* sous les *décimales*, on fera l'opération suivante (1).

```
              2578,49
                37,53
             ─────────
              7735,47
             12892,45
             18049,43
              7735,47
             ─────────
```
Qui donnera pour produit   96770,7297

---

(1) L'Instituteur est encore invité ici, d'apprendre la manière de faire la règle, à ceux qui ne la savent pas.

D 2

Plusieurs ensemble. Oh! que de chiffres.

L'Instituteur. Que cela ne vous effraye pas; le secret de cette regle est de savoir où nous placerons la virgule, & c'est *Chélidoine* qui va vous l'apprendre (1). (*A Chélidoine.*) Combien de décimales y a-t-il au multiplicande ?

Chélidoine. Il y en a deux.

L'Instituteur. Combien au multiplicateur?

Chélidoine. Il y en a deux.

L'Instit. Combien ces deux nombres de décimales font-ils ensemble de décimales?

Chélidoine. Quatre.

L'Instit. Eh bien! prends le produit de ta multiplication en allant de droite à gauche, & retranches-en les quatre premiers chiffres, qui sont 7297, tu verras qu'en plaçant la virgule à la suite vers la gauche de ces quatre chiffres, ton produit sera écrit ainsi qu'il suit :

96770,7297

— ce qui signifiera que les cinq pre-

―――――――――――――――――

(1) *Chélidoine* est censé le plus jeune de la classe.

miers chiffres vers la gauche sont des unités, & que les 4 derniers sont des *décimales*, ensorte que *Chélidoine*, sans s'être cassé la tête, nous aura appris que le produit de la multiplication est de 96770 objets, plus 72 centièmes.

Plusieurs ensemble. Rien de si facile à concevoir!

Romarin. Mais puisqu'il y a plusieurs décimales à la suite des *unités*, pourquoi n'en prends-tu que les deux premières 72.

L'Instituteur. Tu ne te ressouviens donc pas que je t'ai dit qu'un *millième*, et à plus forte raison un *dix millième*, étaient à-peu-près insensible?

Romarin. Si fait.

L'Instituteur. En ce cas, pourquoi t'inquiètes-tu de ces négligences? Crois, que quand tu aurais encore supprimé ces deux *décimales*, ton opération aurait été toute aussi bonne; et qu'il n'y a que le cas où les objets eussent été précieux par eux-mêmes, comme de *l'or*, des *pierreries*, ou des *opérations géométriques* qu'il eût fallu prendre les plus grandes précautions.

54   L'*Arithmétique décimale.*

Du reste, la propriété du *calcul décimal* pour la règle appellée *multiplication*, est telle qu'il ne faut que savoir sa table multiplicative pour être en état de faire couramment toutes celles qui se présenteront.

Grandin. Tu nous a bien fait voir que le produit qui précède était 96770 unités, plus 7297 décimales, mais tu ne nous dis pas ce que ces chiffres représentent.

L'*Instituteur.* Ils représenteront tout ce que tu voudras.

Ce peut-être d'abord une longueur de 25 *myriamètres* 7849 mètres, dans laquelle on se fera proposé de planter 3753 pieds d'arbres par myriamètres ; or, en faisant attention au posage des chiffres et au placement de la virgule, qui doivent se faire comme ceci :

$$25,7849$$
$$3753,$$

On verra que ce doit-être le même produit que celui ci-dessus, puisqu'il y a quatre décimales au *multiplicande*, et point au *multiplicateur.*

Sixieme entretien.

Ce peut-être ensuite 257 *hectares* 84 *ares* 9 *dixiemes*, à 37 *francs* 53 *centimes* l'*hectare*, qui préfentant 5 décimales dans l'opération, comme ici :

257,849
37,53

fera remonter la virgule d'un chiffre vers la gauche, enforte que ce fera 9677 *francs*, 07 *centimes* que vaudront ces *hectares*.

Ce peut-être également 2578 *hectolitres*, 49 *centimes* de vin, à 375 *francs*, 3 décimes l'*hectolitres*, qui ne préfentant dans l'opération que 3 décimales, comme ici :

2578,49
375,3

fera defcendre la virgule de deux chiffres vers la droite, (eu égard à l'opération précédente) enforte que ce fera 967707 *francs* 97 *centimes*, que vaudront ces *hectolitres*.

Ce peut-être encore 25 *kilogrammes*, 7849 *dix millièmes* de cuivre (1), à 3 *francs*

___
(1) Je me fers ici de *dix millièmes*, pour ne rien changer à l'opération faite, car fi elle était à faire, je fupprimerais trois décimales.

753 *milliemes*, qui présentant dans l'opération 7 décimales, comme il suit:

25,7849
3,753

fera remonter la virgule entre le 7ᵉ. et le 8ᵉ. chiffre du produit; c'est-à-dire, que ces 25 *kilogrammes* vaudront 96 francs 77 centimes, en négligeant le surplus.

Ce peut être, enfin, 2578 francs 49 centimes à donner à chacun des défenseurs de la République, qui se seront le plus distingués, & que l'on suppose au nombre de 3753, qui présentant dans l'opération 2 décimales, comme il suit:

2578,49
3753,

fera voir que le gouvernement aura à payer pour cet objet, 967707 *francs* 97 *centimes*.

De manière que tels objets que l'on *multiplie*, l'un par l'autre, ce sera toujours la même opération & les mêmes chiffres; au lieu que si vous aviez eu des *toises*, *pieds*, *pouces* & *lignes* à multiplier par des *livres*, *sols* & *deniers*, ou toute autre opération de

Sixieme entretien.

ce genre, non-seulement vous auriez eu des produits absolument différens; mais vous en eussiez eu pour plusieurs heures, rien que pour faire une de ces règles.

Romarin. Mais j'ai toujours ouï dire qu'il n'y avait rien de si difficile à calculer que les *mesures cubiques*, comme des toises cubes, des pieds cubes, des pouces cubes, &c.

L'*Instituteur.* On ne t'a pas trompé.

Romarin. Eh bien! l'opération est-elle aussi facile en mesures métriques?

L'*Instituteur.* Aussi facile, excepté qu'il y a deux multiplications à faire au lieu d'une, & qu'il faut employer le *calcul décimal*; car, comme je viens de le dire, s'il fallait employer les *toises*, les *pieds*, les *pouces cubes*, il n'y aurait rien de plus difficile.

Romarin. Pourquoi deux multiplications?

L'*instituteur.* Tu vas en sentir la raison. Quand tu regardes une pierre de taille, n'y remarques-tu pas trois sortes de dimensions? la longueur, la largeur & la hauteur?

Romarin. Oui.

L'*Instituteur.* En ce cas là, tu dois concevoir facilement que quand on a multiplié la longueur de cette pierre par sa largeur, (c'est-à-dire que l'on a obtenu de savoir ce qu'elle contient en surface), on n'a qu'à multiplier ce produit par la 3e dimension, c'est-à-dire par la hauteur, on obtiendra le nombre des pieds, pouces & lignes cubes que cette pierre contient. En effet, supposons un morceau de bois de 3 pieds de long sur 2 pieds de large, n'est-il pas vrai que sa surface sera de 6 pieds quarrés ?

Plusieurs. Oui.

L'Instituteur. Eh bien ! si ce morceau de bois avait maintenant un pied d'épaisseur, il aurait 6 pieds cubes, c'est-à-dire qu'on en pourrait faire 6 morceaux de bois égaux, dont les dimensions seraient toutes égales entr'elles, c'est-à-dire qu'elles auraient chacune un pied en tout sens.

Muguet. Et les nouvelles mesures peuvent-elles s'arranger de même, en solides?

L'Instituteur. Comment, si elles peuvent s'arranger en solides....... & d'une maniere que vous trouverez bien plus commode

Sixieme entretien.

que les anciennes mesures; car, en ne faisant qu'ajouter des zéros au nombre à élever en solides, vous aurez tout-de-suite le nombre de *décimetre*, de *centimetre* contenus dans un *metre*, & pour vous le prouver, je vais vous en faire la démonstration rigoureuse.

Combien un mètre contient-il de décimètres?

Plusieurs. 10.

L'Instituteur. Un *metre solide* ou *cube* a donc 10 décimètres de long, 10 décimètres de large, & 10 décimètres de haut.

Plusieurs. Oui.

L'Instituteur. En ce cas-là vous aurez bientôt appris combien un *metre-cube* contient de *décimetres-cubes*, puisque vous n'avez qu'à multiplier les deux premieres dimensions l'une par l'autre, & multiplier le produit par 10, nombre des décimètres de la hauteur, vous aurez le produit cherché; or, combien 10 multipliés par 10 font-ils?

Plusieurs. 100.

L'Inſtituteur. Combien 100 multipliés par 10 font-ils ?

Pluſieurs. 1000.

L'Inſtituteur. Vous voyez donc bien que c'eſt uniquement l'affaire de poſer des zeros pour ſavoir qu'un *metre cube* contient mille *décimetres cubes*, & qu'il ne faut aucun effort de la tête pour cette opération.

Pluſieurs. C'eſt vrai.

L'Inſtituteur. Si vous voulez également ſavoir combien ce *metre cube* contient de *centimetres cubes*, il ne vous faut que faire attention au nombre de zéros qui accompagne le nombre 1 indicatif de la quantité de *décimetres-cubes* qui ſe trouvent dans le *metre cube*, parce que, comme vous remarquez qu'il eſt de 1000 *décimetres*, c'eſt-à-dire d'un 1 ſuivi de 3 zéros, en ajoutant 3 nouveaux zéros, vous aurez ſon nombre de *centimetres cubes*, de même qu'en ajoutant encore 3 nouveaux zéros, vous aurez ſon nombre de *millimetres cubes*. Mais vous avez à faire cette différence, que ſi vous prenez un *décimetre cube* à part

Sixieme entretien. 61

pour savoir combien il contient de *centimetres*, il vous faudra ôter les 3 zéros que vous venez d'ajouter, pour savoir combien un *metre cube* contient de *centimetres cubes*, & cela par la raison qu'ici le *décimetre* devenant l'unité, il ne doit avoir ni plus ni moins de parties que l'unite même.

Grandin. Comme cela un *centimetre* n'aurait donc que 1000 *millemetres*?

L'Instituteur. Sans doute, & c'est la même chose que de dire qu'il en faut 1 billion au *metre cube*? car quand il y a 1000 *millimetres* dans un *centimetre cube*, il y en a 1 million dans un *décimetre cube*, & un billion dans un *metre cube*... Mais comme toutes ces choses, bonnes pour la théorie, sont assez inutiles pour la pratique, je ne cherche point à vous rendre plus savans à cette égard que vous ne devez l'être, je demande seulement que quand on vous parlera d'un *décimetre cube*, vous vous représentiez un morceau de bois quarré denviron 3 pouces sur tous les sens; que quand ce sera d'un *centimetre cube*, vous vous repréfentiez un dé à jouer & que quand ce fera d'un *millimetre cube*, vous vous repréfentiez une tête d'epingle.

Grandin. C'eſt pour le moins auſſi aiſé à retenir que le *pied cube*, le *pouce cube*, la *ligne cube*, &c. &c. Je vois de plus ici que ces fractions *métriques* ayant un rapport bien plus marqué entr'elles, on ne doit pas héſiter de les préférer aux premières.

L'Inſtituteur. Sans doute; auſſi, comme je vous l'ai déjà dit, empreſſons nous d'adopter le *calcul décimal* comme le ſeul qui puiſſe s'accorder à nos beſoins & à nos facultés intellectuelles. Il faut convenir d'une choſe, c'eſt que tous les hommes ne ſont pas nés calculateurs; il y en a qui comprennent mieux les uns que les autres. Certainement ce ne ſera pas à ceux qui ont de la peine à concevoir le nouveau ſyſtême, qu'il faudra faire faire des opérations de l'eſpèce de celles du tems paſſé; or, voici le raiſonnement que nous devons faire à cet égard. Puiſqu'autrefois il n'y avoit tant d'ignorans en calcul que parce que les difficul-

Sixième entretien.

[...] seroient insurmontables pour le plus grand nombre; on doit donc conclure que le nouveau système étant infiniment plus simple, il y aura une quantité bien plus considérable de gens instruits, & qu'ainsi il y aura bien moins de fripons; car qu'est-ce qui fait les fripons? Ce sont les dupes. Mais, c'est assez vous entretenir de cet objet; revenons au calcul à faire pour trouver le nombre des *pieds*, *pouces* & *lignes cubes*, contenus dans une pierre de taille qui aurait je suppose, 2 *pieds* 5 *pouces* 4 *lignes* de long, sur 11 *pouces* 8 *lignes* de large, & sur 1 *pied* 2 *pouces* 7 *lignes* d'épaisseur (1).

Muguet. Est-ce que tu vas nous faire cette règle à l'ancienne manière ?

L'*Instituteur*. Je m'en garderai bien. Je le devrais cependant, pour vous faire sentir

___

(1) J'aurais bien indiqué ces dimensions en *mesures métriques*; mais tant de gens se servent encore des anciennes mesures, qu'il faut leur faire voir qu'on peut opérer tout aussi bien, sur les anciennes mesures que sur les nouvelles, en se servant, toutes fois, des échelles graphiques ou des tables que j'ai précédemment indiquées.

la différence immense qui existe entre les deux méthodes; mais je crois qu'il sera suffisant de vous l'avoir fait précedemment connaître par mes discours, sans vous faire faire de nouveau cette ennuieuse opération. Ainsi, je vais encore demander à mon petit *Chélidoine*, qu'il nous transforme en *mètres cubes* les dimensions de la pierre de taille.

(*Chélidoine* ouvre en effet les tables, & au moyen de la 15e. il fait l'opération suivante).

Longueur de la pierre.

2 pieds........0,649 }
5 pouces.......0,135 } 0,793
4 lignes.......0,009 }

Largeur de la pierre.

11 pouces.......0,298 }
8 lignes.......0,018 } 0,316

Epaisseurs de la pierre.

1 pieds........0,325 }
2 pouces.......0,054 } 0,395
7 lignes.......0,016 }

Après

Sixieme entretien. 65

Après quoi l'Inſtituteur reprend ainſi qu'il ſuit :

Vous voyez, mes amis, qu'il ne vous reſte plus qu'à multiplier 0,793 *millimetres* par 0,316 *millimetres*, & de multiplier le produit par 0,395 *millimetres*, ce qui ſe fera ainſi qu'il ſuit :

PREMIÈRE MULTIPLICATION, *la longueur* par la *largeur*.

```
Longueur............0,793
Largeur.............0,316
                    ─────
                     4758
                      793
                     2379
                    ─────
Total.........    250588
```

Paſſons maintenant à la ſeconde multiplication.

E

66   L'*Arithmétique décimale.*

SECONDE MULTIPLICATION, *la superficie* par *l'épaisseur.*

$$
\begin{array}{r}
0,2505 \ (1) \\
0,395 \\
\hline
12525 \\
22545 \\
7515 \\
\hline
989475
\end{array}
$$

Azerole. Oh! je t'en prie, citoyen, laisses-moi deviner où l'on doit placer la virgule.

L'Instituteur. Oh! bien volontiers.

Azerole. Quatre décimales au *multiplicande* & trois au *multiplicateur*, font 7 décimales, qui veulent dire que le huitième chiffre sur la gauche doit être un *metre cube*, & que s'il n'y en a que 6 au produit,

―――――――――――

(1) On voit qu'il manque ici les deux chiffres 88, du produit de la première multiplication, mais comme ces deux chiffres ne font que des *millimètres* qui sont à-peu-près nuls, l'usage est de les supprimer; on aurait pu même supprimer de cette manière le 5 qui précède, mais on a été bien aise de faire voir une grande exactitude.

Sixieme entretien. 67

le septième doit être un *zéro*, le huitième un *zéro*, le tout posé comme il suit :

0,0989475

L'Instituteur. Très-bien, mais nous diras-tu à présent ce que signifient ces décimetres?

Azerole. Sans doute. Le *zéro* veut dire qu'il n'y a point de *décimetre*, le 9 qu'il y a 9 *centimetres*, le 8 d'après 8 *millimetres*, c'est-à-dire 98 *millimetres*, & que l'on peut négliger le surplus.

L'Instituteur. Tu es complettement dans l'erreur à cet égard. S'il n'était question que de *mesures linéaires*, tu aurais raison, mais comme ce sont ici des *mesures cubiques*, tu dois faire attention que trois sortes de mesures ayant servi à les calculer, il faut ici trois chiffres pour les exprimer. Rappelles-toi, en effet, ce que je t'ai ci-devant dit du *metre*. Ne t'ai-je pas fait remarquer qu'il contenait 10 *décimetres*? & ne conçois-tu pas que chaque *décimetre* peut se subdiviser à l'infini? Eh bien ! voilà la mesure dite simplement *linéaire*, qui n'exige qu'un chiffre pour chacune de ses fractions. Ne t'ai-je pas dit ensuite que ces *décimetres*, multipliés par dix *décimetres*, faisaient cent *décimetres*. Eh bien ! voilà la mesure dite de *superficie*, qui exige deux chiffres pour chacune de ses fractions. Ne t'ai-je pas dit, enfin, que ce quarré pouvait avoir 10 *décimetres* de haut, autrement 1000 *décimetres cubes*. Eh bien! voilà les mesures dites *cubiques*, qui exigent trois décimales pour chacune de leurs fractions.

Or, que dois-tu conclure de là ?

Que dans tout produit quelconque d'une multiplication, il faut avoir attention à la nature des objets qu'on y a calculé.

Ainsi, dans le cas où il s'agit de *mesures linéaires*, de *mesures de pésanteur*, de *mesures temporaires*, qui ne sont jamais susceptibles de devenir des *solides*; chaques *décimales* sont tout bonnement des *dixiemes*, des *centiemes*, des *milliemes*, & il faut les compter comme tu viens de le faire.

Dans le cas où ce sont des mesures de superficie, tels que l'*arpentage* & le *toisé*, les deux premiers chiffres sont des *déci-*

metres quarrés, les deux suivans des *centimetres quarrés*, & les deux autres des *millimetres quarrés*; & dans le cas où ce sont des *mesures cubiques*, les trois premiers chiffres sont des *décimetres cubes*, les trois seconds des *centimetres cubes*, & les trois suivant des *millimetres cubes*.

Ensorte que dans l'exemple qui précède, le produit de la multiplication nous fait voir que la pierre de taille en question, contient 098 *décimetres cubes*, plus 947 *centimetres cubes*, plus 500 *millimetres cubes*; c'est-à-dire qu'il ne s'en faut que de 53 *centimetres cubes*, qu'il n'y ait 99 *décimetres cubes*, c'est-à-dire encore, qu'il ne s'en faut que d'un *décimetre cube* qu'il n'y ait un dixième de *metre cube* ou cent *décimetres cubes*.

Comme vous voyez, mes amis, tout cela est très-simple, très-clair, & très-facile à retenir, & je crois bien qu'il n'est aucun d'entre vous qui ne m'aie compris.

Tous ensemble. C'est vrai.

L'Instituteur. En ce cas, il est inutile que

E 3

je vous en dise d'avantage, je traiterai de la *Division* dans notre prochain entretien.

SEPTIEME ENTRETIEN.

De la Division.

*R*OMARIN. La division est-elle une règle aussi nécessaire que les autres?

L'Instituteur. Oui; & ce qui la rend même indispensable, c'est le besoin que le changement de mesure en lui-même occasionne dans tous les calculs. En effet, on peut être arrêté à tous momens pour cet objet: comme s'il étoit question, par exemple, de répartir une certaine partie de subsistances entre tous les ménages de notre commune; certainement nous ne voudrions pas tous tant que nous sommes mourir de faim à côté du magasin, faute de savoir faire cette règle.

Grandin. Mais est-ce que l'on pourrait faire une répartition proportionelle au besoin de chaque individu? Comment ferait-on alors, si tel mange plus, ou tel mange moins?

L'Instituteur. Tu as raison, mon ami; mais, à cet égard, nous ne devons pas nous montrer plus attentifs que la nature elle-même, qui, en nous donnant des estomacs plus ou moins grands, n'a pas assigné à chacun le nombre d'arpens de terre destinés à le nourir. Elle a laissé à notre industrie le soin d'y suppléer. Eh bien! faisons de même.

Grandin. Ceci me fait voir au moins qu'il ne faut pas une précision bien rigoureuse dans ces sortes de règles

L'Instituteur. Oh! bien certainement; aussi tu vas voir comme on est maître de négliger les *décimales* dans l'exemple qui suit :

Exemple d'une Division.

Supposons que la rareté du pain, dans notre commune, ait obligé le district de nous envoyer 628 *kilogrammes* de riz, &.

qu'il faille partager cette quantité entre les 450 ménages qui la composent; voici comme je ferais cette opération [1].

```
  628 kilog.  |      450
     450      | ─────────────────
  ─────────   | Quotient 1 kilogr.
     178      |
```

Par cette regle, vous voyez qu'il revient à chaque ménage un *kilogramme* de riz & un peu plus d'un tiers (car il y a un reste de 178, qui est à 450 comme un tiers est à-peu-près à l'unité); mais comme il faut vous faire connaître ce que l'on gagne au calcul *décimal* dans la division; je vais supposer que ces 628 *kilogrammes* sont des objets infinimens précieux, comme du *Carmin fin*, qui coûtait autrefois 800 l. la liv. afin que vous jugiez par vous-mêmes combien dans l'ancien calcul on arrivait difficilement à la précision, tandis que dans le nouveau on y arrive presque sans efforts.

───────────────

[1] Je laisse ici à l'Iinstituteur le soin d'expliquer la manière de faire cette division.

Dixieme entretien.

(L'Instituteur pourra leur faire faire, s'il le juge à propos, cette division à l'ancienne manière, & leur faire sur-tout remarquer combien on était obligé de faire d'opérations différentes, pour passer des livres aux marcs, des marcs *aux* onces, *des* onces *aux* gros, *des* gros *aux* grains, &c. &c. Et après qu'il l'aura fait, il reprendra son instruction ainsi qu'il suit).

Supposons que vous ayez ce nombre 628 à diviser, toujours par 450, vous n'avez que la règle suivante à faire, qui consiste uniquement à mettre à la droite de chaque *reste* un zéro, & à chercher ensuite combien de fois le diviseur y est contenu de fois.

EXEMPLE.

```
   628      |    450
   450      |_____
_____   | Quotient 1,39555
Reste 178(0)
     1350
_____
Reste 430(0)
     4050
```

Reste 250(0)
2250

Reste 250(0)
2250

Reste 250(0)
2250

Reste 250

Examinez bien, mes amis, la règle qui précède, & qui, comme je vous ai dit, est censée représenter 628 kilogrammes de *carmin*, à diviser entre 450 personnes, & répondez à mes questions.

Ne devais-je pas dire, en 628 *kilogrammes* combien de fois 450? — Il y est 1, que je porte au quotient.

Plusieurs. Oui.

L'Instituteur. Eh bien! voyez combien le système *décimal* est précieux pour la division. En ne faisant que mettre à la droite de ce nombre 178 un zero (1), vous voyez

_____
(1) Pour le faire distinguer dans cet exemple, où il se répète 4 fois, je l'ai mis entre deux parenthèses.

Septieme entretien. 75

tout de suite, que 178 *kilogrammes* font 1780 *hectogrammes*, & alors vous ne faites que dire :

En 1780 *hectogrammes* combien de fois 450. Il y est 3 fois, faisant 1350, que je place sous 1780, & qui, souftraits de cette somme, donnent pour reste 430.

Plusieurs. C'est bien vrai.

L'Instituteur. Vous faites la même opération pour ces 430 *hectogrammes* que vous transformez en *décagrammes*, moyennant un zero que vous leur ajoutez, Et comme à chaque fois que vous renouvellez cette opération vous divisez le nouveau dividende par le diviseur primitif 450, cela fait que vous pouvez obtenir autant de *décimales* que vous jugez à propos, sans avoir fait autre chose que la plus simple division.

Remarquez, je vous prie, que l'opération eût été tout aussi simple, quand le dividende eût contenu des fractions du *gramme* & qu'elles eussent été jusqu'au *centigramme*.

Muguet. Il est sûr que la méthode décimale est infiniment plus simple.

L'Instituteur. Eh! quand donc il s'agit de diviser les nombres en 10, en 100, en 1000, en 10000 parties, c'est encore bien plus simple.

Avez-vous la dixieme partie de 38475 à prendre? vous n'avez qu'à séparer le dernier chiffre sur la gauche, vout avez alors 3847, 5 dixiemes, ce qui se fait, comme vous voyez, en plaçant la virgule après le quatrieme chiffre.

Est-ce en 100 parties? c'est alors après le troisieme chiffre que vous placez la virgule, pour avoir 384, 75 centiemes.

Est-ce en 1000 parties? c'est après le deuxieme chiffre que vous la placez, pour avoir 38, 475 milliemes, *ainsi du reste;* ensorte que cette division se fait sans même qu'on se donne la peine de récrire les chiffres, ainsi qu'on était autrefois obligé de le faire pour la moindre règle quelconque.

Mais en voilà assez sur la *division*, ainsi que sur les autres règles qui précèdent. Ceux qui voudront s'instruire plus à fond, pourront consulter les ouvrages que nos meil-

Septieme entretien. 77

leurs maîtres d'Arithmétiques ont publiés jusqu'à ce jour, ou qu'ils vont sûrement faire paraître très-inceſſamment (1). Je vous dirai ſeulement dans notre premier entretien un mot de la *Regle de trois ou de proportion*, ainſi que des *fractions*, afin que vous ayez une idée à-peu-près générale de l'arithmétique.

HUITIEME ENTRETIEN.

De la Regle de trois.

CETTE règle eſt ainſi nommée, parce qu'au moyen de trois termes donnés, on en trouve un quatrieme inconnu, & qui eſt en même raiſon avec le troiſieme, que le ſecond avec le premier.

---

(1) *Ouvrier de Lille*, auteur d'un excellent ouvrage intitulé : *l'Arithmétique méthodique & démontrée*, avait publé un ouvrage ſur les décimales, mais il eſt épuiſé.

EXEMPLE.

On demande combien de *francs* doivent coûter 6 *metres* d'étoffes, quand 2 *metres* en ont coûté quatre ?

C'est comme si on disait :

2 metres sont à 4 *francs*, comme 6 metres sont à une somme à déterminer.

Or, rien de plus simple à faire que cette règle.

Il ne s'agit que de multiplier les deux derniers termes, & de diviser le produit par le premier.

Ainsi quand on a posé sa règle de la maniere suivante :

$$2 : 4 :: 6 \text{ a } x \ (1)$$

On multiplie 4 par 6 qui fait 24, & on divise ce produit par 2 qui fait venir 12, ensorte que l'on sait que les 6 *metres* coûteront 12 francs, & on le fait par un procédé invariable, qui s'applique a tel objet

---

(1) L'X en arithmétique a toujours désigné une quantité inconnue.

Huitieme entretien. 79

que ce soit & s'exprime par tel nombre de chiffres que l'on voudra.

Je vous parlerais bien ici des *regles de trois composées*, qui sont à 4, 5 & 6 termes & même plus (1). Mais à quoi bon vous expliquer une règle qui ne sera peut-être jamais utile à aucuns d'entre vous, & qui ne fera que vous fatiguer la mémoire, sans vous être d'aucun profit ? Ne vaut-il pas mieux vous parler de ce qui peut vous être nécessaire, & abandonner le reste à ceux qui ont le goût particulier des calculs, ou qui veulent en faire leur état, que de vous farcir le cerveau de choses qui en seraient bientôt sorties, faute d'usage ? Le talent de l'*Instituteur* n'est pas tant de montrer, que de savoir choisir ce qu'il doit montrer. Il doit imiter le laboureur économe, qui ne confie à la terre que le grain qu'elle doit

---

(1) En voici un exemple : « 28 hommes en 13 jours, ont fait 475 mètres de fossés, qui ont coûté (chaque metre) 4 francs, 33 centimes. *Combien* 75 hommes en feront-ils en 42 jours, & quel prix aura-t-on à payer, si le *metre* coûte 8 franc 20 centimes, & si les hommes sont supposés travailler de la même force ?

80   *L'Arithmétique décimale.*

porter, & se ménage des récoltes abondantes. Aussi suis-je absolument décidé à n'enseigner les règles compliquées, qu'à ceux qui montreront des dispositions particulières : ainsi je ne vous parlerai que de la règle de *trois simple* ; & comme c'est toujours une multiplication & une division à faire, je me bornerai à vous en présenter les données, pour que vous vous exerciez vous-même à m'en apporter les solutions chaque jour, jusqu'à ce que vous vous y soyez rendus familiers. Voici en conséquence les règles que je vous propose.

Premiere règle. Si 25 *hectares* ont coûté 6245 francs, combien 42 coûteront-ils ?

Deuxime regle. S'il a fallu 940 pieds d'arbre dans une longueur de 28 *hectometres*, combien en faudra-t'il dans une longueur de 47 ?

Troisieme regle. Si 25 *metres cubes* de maçonnerie ont coûté 456 francs, combien 84 coûteront-ils ?

Quatrieme regle. Si une *toise* de maçonnerie

Huitieme entretien.

...erie vaut 45 livres, combien vaudra un *metre cube* qui ne contient que 51 centiemes de *metre cube*.

Cinquieme regle. Si 22 *kilogrammes*, 38 centiemes de viande, ont coûté 88 francs 39 centimes, combien 19 *kilogrammes* 42 centimes.

Passons maintenant aux *Fractions*.

DES FRACTIONS.

VOUS savez qu'autrefois, quand il était question de vendre ou d'acheter une ou plusieurs parties de l'entier, ces parties s'exprimaient par *tiers*, par *quart*, par *huitieme*, par *deux tiers*, par *trois quarts*, par *cinq sixiemes*, ou toute autre dénomination, & que quand on faisait des *additions*, des *soustractions* ou des *multiplications* de ces *fractions*, il venait souvent au produit des $\frac{5}{7}$, des $\frac{7}{9}$, des $\frac{10}{11}$, des $\frac{15}{17}$, c'est-à-dire, des quantités très-difficiles à comparer entr'elles, en même-tems qu'elles étaient très-difficiles à retenir. Eh bien ! à l'aide d'une seule table qui réduit toutes les fractions possibles, en

F

dixiemes, en centiemes, en milliemes & en dix milliemes. (C'est la vingt-deuxieme & derniere table, de l'ouvrage intitulé : *Système universel & complet des mesures républicaine de France*); on est délivré de tout embarras à cet égard, & en voici des exemples.

PREMIER EXEMPLE.

Veut-on additionner 4 aunes $\frac{5}{7}$ & 8 aun. $\frac{9}{11}$, porté, (*supp.*) dans un mémoire qui doit servir à régler un compte (1)?

En cherchant dans cette table 22, au droit de $\frac{5}{7}$, on trouve ceci 0,714, qui veut dire que $\frac{5}{7}$ font 714 *milliemes*, ou plutôt 71 *centiemes*.

En cherchant également au droit de $\frac{9}{11}$, on trouve 0,818, qui veut dire que $\frac{9}{11}$ valent 81 *centiemes* 8 *milliemes*, ou plutôt 82 *centiemes*. Ainsi voici la maniere de poser l'addition.

---

(1) On suppose exprès des données d'objets h'ex<u>i</u>l<u>a</u>ns plus, afin de forcer à faire le calcul sur les anciennes mesures.

Huitieme entretien.

4 aunes 71 centiemes.
6 , 82
───────────────
Total 11 aunes 53 centiemes.

C'est-à-dire que les deux quantités font ensemble, 11 aunes & un peu plus d'une demie-aune.

DEUXIEME EXEMPLE.

Veut-on savoir combien il a du rester de toile, à une piece de 22 aunes $\frac{9}{13}$, dont il est écrit qu'il en a été vendu 8 aunes $\frac{13}{17}$.

En cherchant également au droit des deux fractions qui précèdent, on a la règle posée ainsi qu'il suit :

Qui de 22 aunes 69 centiemes.
Ote 8 76
───────────────
Reste 13 aunes 93 centiemes.

Qui signifient qu'il a du rester à la piece 13 aunes 93 centiemes.

TROISIEME EXEMPLE.

Desire-t'on savoir ce que pourrait contenir, en superficie, un bâtiment de 34 toises $\frac{8}{17}$ de long, sur 3 toises $\frac{5}{11}$, & qui a été démoli.

84   L'Arithmétique décimale.

En faisant les mêmes opérations, c'est-à-dire, en allant dans la table à $\frac{8}{17}$ & à $\frac{5}{11}$, on obtient les données suivantes.

34 toises 47 centièmes.
3   45

Qui multipliées l'une par l'autre, font venir au produit 118 toises 9215, c'est-à-dire, 92 centièmes.

Ensorte que, comme je vous l'ai dit, vous n'avez jamais en aucun cas besoin de savoir les fractions; pourvu que vous sachiez recourir à la table, vous les réduisez toutes, telles qu'elles soient, à des centièmes.

Grandin. Si cependant, le dénominateur était comme qui dirait un 21e., un 22e., un 23e., &c. Il n'y aurait pas moyen de les transformer, puisque la table ne va que jusqu'aux vingtièmes?

L'Instituteur. Tu as raison: mais comme il arrive presque toujours que le *numérateur* & le *dénominateur* peuvent se diviser par un nombre commun; comme par exemple $\frac{3}{21}$, qui se réduisent à $\frac{1}{7}$, en prenant le tiers

Huitieme entretien. 85

de 3 & le tiers de 21.— Comme $\frac{6}{21}$, qui se réduisent à $\frac{2}{9}$, en prenant le tiers de 6 et le tiers de 27. — Comme $\frac{16}{36}$, qui se réduisent à $\frac{4}{9}$ en prenant le quart de 16 & le quart de 36. — Comme $\frac{21}{54}$, qui se réduisent à $\frac{7}{18}$, &c. &c. Il ne s'agit plus (quand les nombres ne s'y prêtent pas entièrement) que de descendre ou remonter d'un chiffre, soit le *numérateur* soit le *dénominateur*, afin d'en faire des nombres réductibles; ainsi, supposé qu'il y ait $\frac{22}{54}$, on négligera $\frac{1}{54}$, dans le numérateur pour avoir $\frac{21}{54}$, & réduire cette fraction à $\frac{7}{18}$, qui se trouve dans les tables: si c'est au contraire $\frac{21}{55}$, on diminuera un 55e., dans le dénominateur pour avoir le même résultat; & si c'est par hasard $\frac{20}{55}$, on augmentera le numérateur d'un chiffre & on baissera le dénominateur d'un autre, pour faire $\frac{21}{54}$ qui se réduiront alors à $\frac{7}{18}$.

Je ne pousse pas plus loin mes observations sur cet objet, parce que comme ces cas se présenteront rarement pour vous, surtout pour l'avenir, il est assez inutile que vous vous mettiez toutes ces choses dans la tête.

F 3

Je vais donc finir par vous parler de la *virgule*, qui est une des parties les plus essentielles du *calcul décimal*; mais ce sera pour notre dernier entretien.

IXe. ET D^{NIER}. ENTRETIEN.

De la Virgule.

G*RANDIN*. En général, je remarque que c'est le placement ou le déplacement de la *virgule* qui fait la plus grande difficulté du calcul décimal.

L'Instituteur. Tu as raison, si tu entends parler de ceux qui n'en ont encore aucune idée; mais si tu parles de ceux qui le connaissent & le mettent en pratique, alors tu conviendras que ce placement est ce qui rend cette règle d'une extrême facilité. En effet, si l'on réfléchit qu'un chiffre acquiert plus ou moins de valeur, selon qu'il est placé à droite ou à gauche de

Neuvieme entretien.

la *virgule*, on aura bientôt reconnu que toutes les fois qu'il sera question d'augmenter sa valeur 10 fois, 100 fois, 1000 fois, 10000 fois, &c. il faudra le faire descendre de droite à gauche, d'autant de place qu'il y a de zéros au multiplicateur ; de même que quand il s'agira de le diminuer dans les mêmes proportions ; il faudra le faire monter de gauche à droite de la même maniere.

Prenons pour exemple, le nombre 6 qui repréſentera tout ce que vous voudrez et qui s'écrit ainſi qu'il ſuit, ci   6,
Quand il eſt devenu dix fois plus grand, vous l'écrivez ainſi..........................   60,
Quand c'eſt 100 fois.......   600,
Quand c'eſt 1000 fois.....   6000,
Quand c'eſt 10 mille fois.   60000,
Enſorte que ſi vous voulez aller juſqu'aux cent millions de fois, vous l'écrivez ainſi..   600000000,

Voulez-vous à préſent qu'il devienne de

F 4

plus petit en plus petit, & par proportion décimale?

En le plaçant au premier rang sur la droite, comme ceci, il devient 10 fois plus petit................ 0, 6
 Si c'est cent fois.......... 0, 06
 Si c'est 1000 fois........ 0, 006
 Si c'est 10 mille fois..... 0, 0006
Ensorte que pour aller au cent millioneme, on place le chiffre ainsi qu'il suit....... 0, 00000006

Eh bien! voilà la base du calcul décimal: tout consiste à bien se pénétrer de ce principe. Une fois qu'on se l'est bien inculqué, on n'est plus effrayé des *kilometres*, des *metres*, des *ares*, des *kilolitres*, des *myriagrammes*, des *kilogrammes*, qui sont les unités des mesures ou leur multiple; non plus que des *décimetres*, des *centimetres*, des *millimetres*, des *déciares*, des *centiares*, des *décigrammes*, des *centigrammes*, qui en sont les fractions décimales; ensorte que quand ils sont exprimés dans le discours, on n'est pas plus embarrassé de les exprimer

Neuvieme entretien.

en chiffres, qu'autrefois lorsqu'on posait une addition ou souſtraction de livres, ſols ou deniers.

Prouvons ceci par un exemple qui pourra vous ſervir de table toutes les fois que vous prendrez le *metre*, l'*are*, le *litre*, le *gramme*, pour l'unité.

Meſures linéaires.

Eſt-ce le *kilometre* que vous voulez écrire? comme il vaut mille metres, on l'écrit ainſi.	1000,
Eſt-ce l'*hectometre*? comme il en vaut 100, on l'écrit ainſi	100,
Eſt-ce le *décimetre*?.....	10,
Eſt-ce le *metre*?.........	1,

Meſures de ſurface.

Eſt-ce le *myriare*? Comme c'eſt un quarré de 10 mille ares, dont le côté égale un kilometre linéaire, on l'écrit ainſi..................	10000,

Eſt-ce l'*hectare*? Comme

c'en est un de 100 metres en tous sens qui, par conséquent, contient 10 mille metres quarrés, ou 100 ares, on l'exprime ainsi.................... 100,

Est-ce l'*are*? Comme c'en est un de 10 metres en tous sens, & que de plus il est l'unité décrétée, on l'exprime ainsi.. 1,

Mesures de capacité.

Est-ce le *kilolitre*? Comme il contient 1000 litres, qui est l'unité des mesures de cette espece, on l'écrit ainsi...... 1000,

Est-ce l'*hectolitre*? Comme il est la dixieme partie du kilolitre, on l'écrit ainsi..... 100,

Est-ce le *décalitre*? Comme il est la centieme partie du kilolitre & qu'il ne contient que 10 litres, on l'écrit ainsi 10,

Est-ce enfin le *litre*? Comme il est, ainsi qu'on vient de le dire, l'unité, on l'écrit ainfi. 1,

Mefures de péfanteur.

Eft-ce le *myriagramme*? Comme il vaut 10 mille grammes, on l'écrit ainfi....... 10000,

Eft-ce le *kilogramme*? Comme il eft la dixieme partie du myriagramme & qu'il contient 1000 grammes, on l'écrit ainfi.................... 1000,

Eft-ce l'*hectogramme*? Par les mêmes raifons, on l'écrit ainfi.................... 100,

Eft-ce le *décagramme*? Par les mêmes raifons.......... 10,

Enfin eft-ce le *gramme*? Comme il eft l'unité des mefures de péfanteur, on l'écrit ainfi...................... 1,

Voilà pour l'unité des mefures; paffons maintenant à leurs fractions & préfentons les dans le même ordre.

Mesures linéaires de surface ou cubique.

Est-ce le *décimetre linéaire*?
On l'écrit ainsi.............. 0,10
   Est-ce le quarré......... 0,01
   Est-ce le cubique........ 0,001
Est-ce le *centimetre linéaire*?
On l'écrit ainsi............. 0,01
   Est-ce le quarré......... 0,0001
   Est-ce le cubique........ 0,000001

Mesures de capacité.

Est-ce le *demi-litre*? Comme il est la moitié du litre, & que le litre est divisé en cent parties, on l'écrit ainsi......... 0,50

Est-ce le *quintilitre*? Comme le cinquieme du cent est 20, on l'écrit ainsi............. 0,20

Est-ce le *décilitre*? Comme le dixieme du cent est 10, on l'écrit ainsi............... 0,10

Est-ce le *vingtieme* du litre? Comme le vingtieme du cent

Neuvieme entretien.

est 5, on l'écrit ainsi 0,05

Mesures de pésanteur.

Est-ce un *décigramme* ?
Comme c'est la dixieme partie
du gramme, qui se divise en
cent, on l'écrit ainsi 0,10

Enfin est-ce le *centigramme* ?
Comme c'est la centieme partie du gramme, on l'écrit ainsi 0,01

Ensorte que vous ne devez jamais vous trouver embarrassés pour exprimer telles nouvelles mesures que ce soit, fussent-elles les plus disparates ; comme par exemple (en fait de mesures de pésanteur) 3 *myriagrammes*, 2 *décagrammes* & 8 *centigrammes*, qu'il faut exprimer ainsi 30020, 08

Et en fait de mesures *linéaires*, 8 *kilometres* & 5 *millimetres*, qu'il faut exprimer ainsi 8000, 005

Car dans le premier cas, en vous rapellant qu'un *myriagramme* contient dix mille *grammes*, vous poseriez ainsi vos trois *my-*

riagrammes. 30000,

En vous rappellant ensuite qu'un *décagramme* est la millieme partie du *myriagramme* ou des dixaines de *grammes*, vous poseriez ainsi vos 2 *décagrammes* 20,

Et en vous rappellant, enfin, qu'un *centigramme* est la centieme partie du gramme, vous poseriez ainsi vos 8 *centigrammes* 0, 08

De maniere que faisant l'addition suivante, vous auriez le produit qui précède 30020, 08

De même que pour le second cas, en vous rapellant qu'un *kilometre* contient 1000 metres, & qu'un *millimetre* est la 1000e. partie du *metre*, vous devez poser les deux quantités proposées ainsi qu'il suit. 8000, 005

Grandin. J'avoue que tout cela est infiniment clair; je t'obferverai cependant que

Neuvieme entretien. 95

cette quantité de chiffres m'effraye toujours, & que je voudrais qu'on trouvât des moyens de les diminuer, s'il était possible.

L'Instituteur. Ce moyen est tout trouvé mon ami, il ne s'agit que de placer l'unité à l'endroit qui convient le plus pour le calcul que l'on veut faire.

Supposons en effet que nous ayons des *myriares*, des *kilolitres*, des *myriagrammes*, qui sont des multiples de l'unité, à calculer; eh bien! il ne tient qu'à toi de les considérer comme des unités, & de faire passer leur sous-multiple *hectares*, *hectolitres*, *hectogrammes*, à la place des fractions décimales.

Ainsi, si nous avons à exprimer en chiffres 3 *myriares* 8 *hectares* 6 *ares*, nous pouvons le faire ainsi qu'il suit 3 86

Si c'est 6 *kilolitres*, 9 *hectolitres*, 3 *décalitres*, nous pouvons le faire de même ainsi qu'il suit 6 93

Et supposé qu'en exprimant des mesures de pésanteur de la même manière, nous vou-

lions aller jusqu'au *gramme*; nous ne feron[s]
que les placer dans le même ordre qu'ell[es]
auraient si c'était le *gramme* qui fût l'*unité*
ainsi 8 *myriagrammes*, 5 *kilogrammes*
7 *hectogrammes*, 9 *décagrammes*, 4 *grammes*, s'écriraient ainsi....... 8, 5794

Romarin. Je conçois cela; mais il faudr[a]
alors reculer de deux chiffres sur la droit[e]
les *centigrammes*.

L'Instituteur. Sans doute, mais est-ce qu[e]
je ne vous ai pas répété plusieurs fois qu'[il]
fallait savoir négliger à propos les *décimales*? Qu'importe en effet à un citoyen q[ui]
achete une métairie de plusieurs centain[es]
d'*hectares*, de savoir qu'elle contient quelques *ares* de plus ou de moins? Qu'impor[te]
également à un marchand de fer, de savo[ir]
qu'il manque dans son magasin quelqu[es]
décagrammes & même quelques *kilogrammes* de fer?

On voit donc que l'on ne ferait pas m[al]
d'établir ici trois sortes d'unité, celle d[es]
grandes mesures, celle des *moyennes* & cel[le]
des *petites*.

Cell[e]

Celle des *grandes* & des *moyennes*, qui excluëraient impitoyablement toutes les fractions décimales, quand ce ne serait pas des objets d'un certain prix, & celle des *petites* qui les admettrait toutes.

Ainsi l'on pourrait avoir, par exemple, celle des *myriametres* pour les grandes distances, celle des *kilometres* pour les moyennes, & celle des *metres courans* pour les petites.

Celle des *myriares* pour désigner l'étendue des territoires de *district* ou de *canton*, celle des *hectares* pour la mesure de biens & domaines particuliers, & celle des *ares*, pour ce qu'on appellait autrefois le *toisage*.

Celle des *kilolitres* pour les grands vaisseaux, celle des *hectolitres* pour les moyens, & celle des *litres* pour les petits.

Enfin celle des *myriagrammes* pour les grosses pésanteurs, celle des *kilogrammes* pour les pesées journalieres du ménage, & celle des *grammes* pour les objets précieux.

Et pour mieux le faire sentir, je suppose qu'il soit question de calculer la superficie

G

d'une table qui aurait 36 *centimetres* de long, fur 12 *centimetres* de large.

Tout le monde conviendra que s'il fallait faire connaître le rapport qui existe entre un *décametre*, qui eft le côté de l'*are*, & les *centimetres* qui n'en font que la millieme partie, il faudrait pofer la règle ainfi qu'il fuit.

$$\begin{array}{r} 0,0036 \\ 0,0012 \\ \hline 72 \\ 36 \\ \hline 0,0000432 \end{array}$$

Or, il n'eft perfonne parmi les gens de campagne qui ne trouve les zéros qui précèdent les chiffres 432, au moins très-difficiles à concevoir. On fait bien qu'il n'eft pas impoffible de leur faire comprendre que le premier zéro veut dire qu'il n'y a point d'*are* dans la fuperficie de cette table, les deux fuivans point de *déciare*, les deux d'après point de *centiares* ou de *metres quarrés*, les deux d'après qu'il y a 4 *décimetres quarrés*,

& que les deux derniers chiffres font des centiemes de *décimetres quarrés*; mais c'eſt toujours bien embrouillé pour des hommes ſimples, qui ne connaiſſent que le calcul poſitif, encore aſſez imparfaitement, & il n'eſt perſonne qui ne convienne qu'en établiſſant les différentes *unités* dont je parle, on ne faſſe diſparaître ces zéros qui, en avant des chiffres, ne diſent abſolument quelque choſe qu'à ceux qui ſont profondément exercés dans les mathématiques. En effet, ſi dans la règle qui précède on eût employé l'unité des petites meſures, on n'eût fait que multiplier 36 par 12, ce qui aurait fait venir ſimplement au produit 432, c'eſt-à-dire, 4 *décimetres* quarrés, 32 *centiemes*, autrement bien près d'un tiers, ce qui était alors très-facile à concevoir.

Mais c'eſt aſſez, mes amis, vous avoir expliqué les propriétés du calcul décimal. Sans doute il me reſte beaucoup de choſes à vous apprendre ſur cette intéreſſante partie; mais comme on ne fait de véritables progrès dans les ſciences qu'en raiſon des difficulté que l'on a à surmonter, je vous abandonne pendant quelque temps à vous-même, afin que vous trouvant directement aux prises avec elles, vous soyez obligés de porter une attention plus réfléchie sur ce que je vous ferai étudier; seulement quand vous vous trouverez par trop embarrassés, vous pourrez me venir trouver, je n'aurai rien de plus à cœur que de vous applanir les obstacles, & de vous recommander surtout de ne jamais oublier que le nouveau système décimal est une des choses qui peuvent contribuer à fixer parmi nous la bonne foi & la droiture.

F I N.

www.ingramcontent.com/pod-product-compliance
Lightning Source LLC
Chambersburg PA
CBHW070250100426
42743CB00011B/2212